北京沟域油料作物栽培技术手册

◎ 北京市农业技术推广站　组织编写

田　满　聂紫瑾　朱　莉　主编

中国农业科学技术出版社

图书在版编目（CIP）数据

北京沟域油料作物栽培技术手册 / 田满，聂紫瑾，朱莉主编 . -- 北京 : 中国农业科学技术出版社，2016.1

ISBN 978-7-5116-2482-6

Ⅰ . ①北… Ⅱ . ①田… ②聂… ③朱… Ⅲ . ①油料作物—栽培技术—手册 Ⅳ . ① S565-62

中国版本图书馆 CIP 数据核字（2016）第 001869 号

责任编辑 于建慧
责任校对 马广洋

出 版 者 中国农业科学技术出版社
北京市中关村南大街 12 号 邮编：100081
电 话 （010）82109194（编辑室）（010）82109704（发行部）
（010）82109703（读者服务部）
传 真 （010）82109708
网 址 http://www.castp.cn
经 销 者 各地新华书店
印 刷 者 北京富泰印刷有限责任公司
开 本 889mm × 1 194mm 1 /32
印 张 3.125
字 数 87 千字
版 次 2016 年 1 月第 1 版 2016 年 1 月第 1 次印刷
定 价 16.80 元

《北京沟域油料作物栽培技术手册》编委会

前言
PREFACE

北京沟域经济是以山区沟域为单元，以自然景观、文化历史遗迹和产业资源等为发展基础，集生态涵养、旅游观光、经济发展和人文价值于一体，对沟域单元内部环境、景观、村庄、产业等进行统一规划，建成产业融合且富有鲜明特色、具有一定规模的沟域产业带，并通过以点带面、多点成线、产业互动，形成聚集规模，从而实现山区发展与农民致富。2008 年，北京市新农村办公室发布了《关于开展山区沟域经济发展试点的意见》，积极推动各区县开展了沟域经济发展模式的探索。沟域经济形态虽然时间不长，但经实践已经形成了密云区古北口“紫海香堤”、怀柔区“雁栖不夜谷”、房山区“十渡山水文化休闲走廊”、延庆区“百里山水画廊”等示范典型，验证了沟域经济是非常符合北京山区发展客观需求，能够加快山区经济发展，促进山区人民致富的一种经济模式，是未来北京山区发展经济的一个方向。

近年来，北京地区通过“以农造景、以景促旅”，打造了一系列沟域经济发展的新典型，例如延庆四季花海、延庆百里画廊、房山水岸花田等。向日葵、油菜、花生和大豆等油料作物作为山区沟域常见的作物品种和主要的景观构建植物，在其中发挥了不可小觑的作用，推广这些油料作物在农田景观营造中的应用，便于在生产上提供指导，是编写和出版本书的初衷。

本书结合“产业融合提升沟域经济发展”科技示范项目成果，除前言外，由四章组成。第一章为北京地区景观油料作物概况，介绍了油料作物在北京地区的种植概况和在沟域景观中的应用；第二章对常见的景观油料作物进行了介绍，包括向日葵、油菜、大豆、花生、芝麻和胡麻在北京地区的常用品种；第三章对景观油料作物栽培技术进行了介绍；第四章对景观油料作物的典型应用案例进行了介绍，包括北京地区沟域景观常用的向日葵、油菜、大豆和花生。

主要参考文献以作者姓名的汉语拼音顺序排列。同一作者的文献，则以发表年代先后为序。所引文献皆为在正式发行刊物上发表的文章和由出版社出版发行的书籍。未公开发表和内部刊物的文章不作为引用文献。

本书部分照片由李勋、李绍臣、郗秀青、郝洪才等提供，在此一并表示感谢。

读者对象主要是从事沟域农田景观营造的推广人员和休闲农业园区建设的相关技术人员，也适于从事油料作物种植的农户阅读。

限于作者水平，不当或错误之处敬请同行专家和读者批评指正。

目录
CONTENTS

第一章　北京地区景观油料作物概况

第二章　景观油料作物常见种类

第三章　景观油料作物栽培技术

第四章 景观油料作物典型案例

第一章
北京地区景观油料作物概况

◎ 北京地区油料作物种植概况
◎ 油料作物在沟域景观中的应用

◎ 北京地区油料作物种植概况

北京市油料作物占农作物总播种面积较小，常年种植面积占全市耕地面积的9.2%左右，主要以花生、大豆为主，其中，花生种植面积占3.5%左右，大豆种植面积为5.4%左右，向日葵、油菜、芝麻、胡麻油料作物种植面积占2.0%左右。油料作物在全市呈点片分布，花生种植区域主要分布在密云、怀柔、大兴、房山等地，种植面积在10万亩左右；栽培种植的有花育23、花育25、鲁花11、冀花4等花生品种，亩产稳定在230千克，平均亩*效益在950元以上。大豆种植区域主要分布在密云、怀柔、延庆、房山、顺义等地，种植面积最大的年份达到12万亩；栽培种植的品种有中黄30、中黄35、中黄13、冀豆12、冀豆17、科丰14等大豆品种，亩产稳定在150千克左右，平均亩效益在450元以上。向日葵、油菜、芝麻、胡麻等其他油料作物只有零星种植，面积在4万亩左右。

受种植结构、劳动强度和粮补政策影响，大豆、花生种植面积锐减，而向日葵、油菜的景观作用开发利用，种植面积增加迅速。由于种植结构调整，生产效益的影响，根据北京市农业局统计，2008年，北京市全市油料种植面积为34.6万亩，其中，大豆18.0万亩，花生12.4万亩，向日葵（油葵）、油菜、芝麻3.2万亩；2009年，全市油料种植面积为30.3万亩，其中，大豆16.5万亩，花生9.7万亩，向日葵（油葵）、油菜、芝麻4.1万亩，但主要种植在树档间、沟渠旁等“拾边地”上。2010年，全市油料种植面积为19万亩，其中，大豆9.6万亩，花生6.5万亩，油用向日葵、油菜、芝麻3.8万亩。花生主要种植在密云、怀柔和大兴永定河、潮白河周边的冲积平原，沙土，有机质低，适合花生种植，种植面积8万亩左右，占全市的80%左右。大豆种植受机械化程度和经济效益的影响，顺义、大兴、通州等平原区，大豆大面积种

* 注：1亩≈667m^2，15亩=1hm^2。全书同。

植的区域逐年减少，虽然在贫瘠的山地和林间套种大豆种植面积有不同程度增加，但整体上呈下滑趋势。向日葵和油菜等有观赏价值的油料作物，在沟域和园区种植面积增加较快。

近几年，通过加大品种引种示范推广，加强政策、市场导向，中黄 30、冀豆 17 等高油大豆品种和花育 25、冀花 4 号花生引进成功，配套技术大豆密植、花生地膜覆盖等增产技术的推广，至 2015 年，大豆亩产提高 25 千克，稳定在 170 千克；花生亩产提高 30 千克，稳定在 260 千克，使油料作物的单产平均增加 10% 以上。

◎ 油料作物在沟域景观中的应用

农田景观的营造

1 油料作物的景观栽植方式

孤植 孤植指一株植物种植或两株植物对植，充分发挥单株花木的动势、线条、形体、色、香、姿等的特点，用于较小空间作近距离观赏，在较大空间中运用，起到画龙点睛的效果。适宜孤植造景的油料作物向日葵、红色蓖麻等，其植株高大，颜色鲜艳，能以其个体独特的颜色或姿态，成为开阔空间的主景，具有划分空间、增加画面层次的作用。

丛植 丛植指园林中 3~9 株单一植物或多种植物的组合种植，可作主景或配景。例如红色蓖麻丛、观赏向日葵丛植等，都具有较好的景观效果。

单作 单作指在同一块田地上种植一种作物的种植方式，是油料作物造景的主要种植方式。例如，单作向日葵或油菜形成的黄色花海，单作花生或玉米形成的质朴农田景观，以及单作胡麻形成的白色或粉色花海，均以数量形成一定的规模，从而营造出色调统一，富有冲击力的农田景观。

间作 间作是指在同一田地上于同一生长期内，分行或分带相间种植两种或两种以上作物的种植方式，也是油料作物造景的主要手段之一。例如，花生、玉米、向日葵、油菜等与幼林间作，油菜与二月兰条带种植，冬油菜与冬小麦条带种植、向日葵与玉米条带种植等。

混作 混作是将两种或两种以上生育季节相近的作物按一定比例混合种在同一块田地上的种植方式。例如，油菜与二月兰混作，形成黄紫相间的景观效果。

图案种植 图案种植是将两种或两种以上作物，根据不同的设计，种出具有设计美感的种植方式。

2　油料作物的景观茬口搭配方式

春播油菜 + 夏播油葵　利用春油菜与夏播油葵进行轮作搭配，打造春季柔美的油菜花景观与夏季热情似火的向日葵景观，营造具有较大反差的农田时空景观。春油菜品种选用青油 14。第一播期于 3 月 5 日播种，5 月 30 日开花，花期持续到 6 月 25 日，花凋谢后，秸秆作为绿肥使用，及时进行土地整理。夏播油葵品种选用 KF366，于 7 月初播种，9 月进入花期，花期在 20 天左右。

秋播油菜 + 夏播油葵　针对京郊景观农田建设需求，利用秋播油菜与夏播向日葵的营造两季农田景观的效果，提出秋播油菜—夏播向日葵轮作大田景观种植模式。秋播油菜品种选用陇油 6 号，播种时间为 9 月 15 日，开花时间在 4 月 25 日左右，花期 20 天左右，到 6 月中旬左右成熟收获；7 月上旬播种夏播向日葵，品种采用油葵品种 KF366,9 月上旬向日葵进入花期，花期 20 天左右。

冬油菜 + 青贮玉米　利用冬油菜与青贮玉米进行轮作搭配，打造春季柔美的油菜花景观与夏季热情似火的向日葵景观，营造具有较大反差的农田时空景观。冬油菜品种选用陇油 6，于头年 9 月 20 日播种，4 月初返青，4 月 25 日开花，花期持续到 5 月 20 日，成熟期在 6 月 5 日。冬油菜收获后，整地下茬种植青贮玉米，打造田间生长一致、高度统一、整齐划一的农田景观，青贮玉米品种选用郑单 958。

冬油菜 + 早熟型春油菜 + 晚熟型春油菜　冬油菜品种选用陇油 6，早熟型春油菜品种选用天祝小油菜，晚熟型春油菜选用青油 14。冬油菜于头年 9 月 20 日播种，4 月初返青，4 月 25 日开花，花期持续到 5 月 20 日；早熟型春油菜于 3 月 12 日播种，5 月 10 日开花，花期持续到 6 月 5 日；晚熟型春油菜于 3 月 5 日播种，5 月 30 日开花，花期持续到 6 月 25 日。通过冬油菜 + 早熟型春油菜 + 晚熟型春油菜不同油菜品种的搭配使油菜田的观赏期从 4 月 25 日一直持续到 6 月 25 日，观赏期达 61 天。

冬小麦 + 夏大豆（花生）　利用大豆或花生与冬小麦进行轮作搭

配，打造淳朴乡野风情的农田景观。冬小麦收获后，种植花生或大豆，与其轮作倒茬。花生或大豆宜种植特色鲜食品种，打造田间生长一致、高度统一、整齐划一的采摘型农田景观。

3 油料作物在不同区域农田景观中的应用

大田　利用大田种植具有一定规模的油料作物，以面积和整齐划一的种植方式形成较强的视觉冲击力，营造高产高效、生态良好的田园景观。需注重农田景观斑块与廊道的合理分布，以及农田周边生物缓冲带的设置与美化。适宜的种类有向日葵、油菜、花生、大豆等。

林下　利用林下树行之间的通道为空间，种植具有覆盖和环境美化作用的油料作物。在幼林行间，可种植油菜、向日葵等色彩艳丽的作物，与树林的绿色形成上绿下黄的立体色彩空间。在郁闭度较高的林下环境内，可种植花生、大豆等较耐阴的作物，以林下特有的荫蔽凉爽形成较好的采摘空间，作为采摘型活动开展的较佳场所。

棚间　利用温室、大棚周边的空档和边角地，种植向日葵、油菜等作物，使园区设施能与周边环境形成很好的协调，体现园区的自然乡土气息。也可以种植花生等覆盖作物，使设施与周边环境衔接自然。

行道　在观光道两侧进行景观种植。可选用向日葵、油菜等株高适中，观赏价值较高的作物进行种植。也可以种植芝麻、蓖麻等植株较高的作物种植，作为景观遮挡、隔离。

坡地　利用坡地的高度差异，进行等高条带种植营造景观，适宜种植根系较深、分生能力强、固土能力较好的作物。种植油菜等株高适宜的作物，可形成连绵起伏、色彩艳丽、夺人眼球的景观效果。

民俗旅游产品的开发

1　便携式产品

鲜食产品　葵盘、大豆、花生等是常见的油料作物鲜食产品，可直接在田间供游客采摘，也可采摘后于售卖亭、特色农贸市集、民俗户中售卖，还可以加上简易的包装，在旅游服务咨询中心展卖，或进入超市供应给市民。

籽种产品　各类油料作物的种子均可以通过简易包装的方式进行加工，在观光园区或旅游服务咨询中心售卖，供市民阳台种植。

盆栽产品　本身较矮或经过矮化处理的植株，搭配创意花盆及其配套工具，可以作为盆栽产品。效果较好的有株型较矮的向日葵品种、花生等。

其他产品　大豆还可以用来制作豆塑画。豆塑画是以豆子为主要材料，兼以一些零碎物品，拼接“塑造”出来的画。它以天然豆料的本色为主调，表现出欢快、热闹等各种画面，适合于年节、结婚、旅游纪念礼品及家庭室内的装饰，工艺精巧，颇堪欣赏，可以作为工艺品进行售卖。

2　体验式产品

采摘活动　鲜食葵盘、大豆、花生、芝麻等油料作物可以作为采摘体验活动或作物收获节的一部分，让市民参与农事活动、感受丰收喜悦。

创意迷宫　可以用向日葵等植株较高的作物，种植出多样的迷宫造型，例如中国地图、卡通人物等。迷宫中还可以增加各种创意节点，增强参与性。这样既可以形成规模化的作物景观、有景可观，又能有物可玩。

创意葵盘制作　创意葵盘是以成熟葵盘为材料，通过扣取葵花籽粒，形成不同的创意图案。通常有鬼脸、笑脸、文字等不同的图案，也有配以墨镜、围巾等装扮成人脸的造型，可在田间实施，也可取回葵盘创作，展现游客对大自然的热爱与激情。

大豆画　大豆种子经过剔选、脱水、干燥及化学涂膜等防腐保鲜程序后，按照种子的自然色彩与光泽、质感与颗粒大小，以国画线条勾勒和油画色彩堆积的手法，粘着成画。也可搭配小麦、玉米、绿豆、红豆、水稻、枸杞、谷子、蓖麻籽、芝麻粒、松果、板栗、核桃等其他作物种子和果实，通过组合、搭配、粘贴，制成种艺画。

农事节庆活动　以油料为主题的农事节庆活动有花田节、向日葵嘉年华、大豆收获节等。例如，房山长沟的花田节，通过设计花田新娘、花海骑行、花田音乐会、花田风筝会、花田农机展示、花田稻草人展示、农副产品展销等参与性强和互动性好的活动环节设置，大大提高了市民休闲观光的参与性和趣味性。大豆收获节可以举办割豆秧、大豆子、豆豆大战、豆豆画、煮豆子、磨豆浆、豆子品种展览、大豆产品展销等多种活动。

第二章

景观油料作物常见种类

◎ 向日葵
◎ 油菜
◎ 大豆
◎ 花生
◎ 芝麻
◎ 胡麻

◎ 向日葵

【拉丁名】*Helianthus annuus*

【别　名】朝阳花、转日莲、向阳花、望日莲、太阳花

【科　属】菊科向日葵属

【生物学特性】一年生高大草本。茎直立，高 1~3 米，粗壮，不分枝或有时上部分枝。头状花序极大，径 10~30 厘米，单生于茎端或枝端，常下倾。舌状花多数，黄色、舌片开展，长圆状卵形或长圆形，不结实。管状花极多数，棕色或紫色，有披针形裂片，结果实。瘦果倒卵形或卵状长圆形，稍扁压，长 10~15 毫米。一般花期 7—9 月，果期 8—9 月。

【常见品种】向日葵原产北美，在中国有 300 多年的种植历史，主要分布在东北、西北、华北和西南等地，可分为食用向日葵、油用向日葵和观赏向日葵。北京地区向日葵种植以油葵为主，籽粒用

于榨油；食葵用于鲜食葵盘生产；观赏向日葵主要用于景观点缀。

1 食用向日葵

LD5009

由美国福莱利公司育成。该品种为食用向日葵杂交品种，夏播生育期95天左右，株高190厘米左右，花盘直径19厘米左右，结实性好，种皮黑色带白边间有白条纹，籽粒较饱满，百粒重18克左右，籽粒长2厘米左右，宽0.9厘米左右。植株健壮，抗倒伏能力强，抗旱、耐瘠薄，株高和花期整齐一致，观赏性好，一般亩产180千克左右，商品性好。适宜在北京地区夏播种植，栽培上避免连作，注意预防菌核病。

LD9091

由美国福莱利公司育成。该品种为食用向日葵杂交品种，夏播生育期95天左右，株高195厘米左右，花盘直径在20厘米左右，结实性好，种皮黑色带白色条纹，籽粒饱满，百粒重18克左右，籽粒长2厘米左右，宽0.9厘米左右。植株健壮，抗倒伏能力强，抗旱、耐瘠薄，株高和花期整齐一致，观赏性好，一般亩产200千克左右。适宜在北京地区夏播种植，栽培上避免连作，注意预防菌核病。

2 油用向日葵

KΓ366

该品种春播生育期 115 天，夏播生育期 98~100 天。株高 100~120 厘米，群体整齐，株高和花期整齐一致，观赏性好。花盘直径 17~22 厘米，植株矮，叶肥大，叶柄短，茎杆粗壮，节间短，抗强风、抗冰雹，抗倒伏能力强，耐菌核病，高抗锈病。可以在干旱，瘠薄、盐碱地区广泛种植。边行优势显著，非常适宜与西瓜、甜瓜、棉花、冬瓜等作物套种。花粉量大，自交结食率高，一般亩产 230~330 千克。籽粒辐射状紧密排列，后期多下垂，鸟害也少。千粒重 70 克，籽实含油率 45%~50%，出仁率 76%。

S606

该品种系中熟油用向日葵杂交种，春播生育期 108 天左右，夏播生育期 93 天左右，较 G101 晚熟 3 天左右。株高 175 厘米左右，群体整齐，株高和花期整齐一致，观赏性好。叶片倾斜度 3 级，叶片上冲，呈塔形分布。盘径 22 厘米左右，结实率高，无空心，适合密植。千粒重 62 克左右，皮壳率 18%，籽实含油率 49%。耐水肥，耐盐碱，抗倒伏，整齐度好，抗病性强。栽培管理到位和气候条件适宜时，亩产可达 250 千克以上。

3 观赏向日葵品种

墨池吐金

该品种为中熟品种，从播种开花在55天左右。舌状花颜色为黄色，花盘颜色为深色，无花粉。属单干型品种，无分枝，株高在120~150厘米。墨池吐金的花盘是深褐色的中心，黄色的舌状花，墨池吐金虽是传统向日葵的颜色，但它的花瓣就像一盏开着纹理花束的灯，与众不同。

欢乐火炮竹

一种矮化早熟型的品种，生育期在50天左右。株高在60厘米左右，分枝性好，是最早在花园里种植黄、红双色的品种之一，舌状花颜色为红橙色，因其热烈的颜色被贴切地命名为欢乐火炮竹，花盘颜色为深色，无花粉。开满花的时候，特别像烟花表演。可用作花束、盆花、圃地种植。

出水芙蓉

一种早熟型品种。株高在90~120厘米，生育期在50天左右。舌状花颜色为浅白色，花盘颜色为浅色，无花粉，首次开花时，可看到玉色的舌状花，花朵中心呈灰绿色，因此，取名为出水芙蓉。分枝性较好，播种越早，分枝越多，适宜做小花束。舌状花颜色较浅，还可用于制作染色花卉，也可用于庭院美化种植。

醉云长

中熟型品种，生育期在60天左右。株高较高，约180厘米。舌状花颜色为红色，花盘为深色，无花粉。分枝较多，作为切花使用时，应及时打除分杈。

金色 08

株高 150 厘米，单秆，花盘 9~12 厘米，橙黄深盘。花型紧凑，重瓣性好，舌状花长短适中，金黄色，观赏价值高。采后耐储运，瓶插时间长，商品性好。耐高温、耐寒、抗病性好，实现周年种植（北方冬季需在设施内种植）。适宜作切花或庭院美化。

三阳开泰

中熟，成熟期 50 天。株高 180 厘米，单秆，褐红黄边深盘，花盘径 12 厘米。抗病性较强。用于切花或庭院美化。

桃之春

成熟期 55 天。株高 180 厘米，单秆，桃黄深盘，花盘径 12 厘米。抗病性好。用作切花或庭院美化。

绿波仙子

该品种花型紧凑，重瓣性好，舌状花长短适中，浅黄色花瓣绿色花盘，观赏价值高。成熟期 55 天。株高在 150~180 厘米，高矮适中，单秆，花盘径 12 厘米，茎较粗壮，抗倒性好。耐高温、耐寒，耐粗放管理，可以实现周年种植（北方冬季需在设施内种植）。采后耐储运，瓶插时间长，商品性好。

好运多

该品种株高150厘米，花黄色，花盘径12~15厘米。成熟期65天，较同类复合花早熟。抗病性好。用于切花或庭院美化。

穆天子

该品种株高150厘米，单秆。米黄深盘，花盘径12厘米。成熟期55天，中熟。抗病性好。用于切花或庭院美化。

烈焰

该品种成熟期 45 天，抗病性好。株高 150 厘米左右，有分枝。花色为鸡冠形红点复色，花盘径 12~15 厘米。常作为切花或庭院美化。

金拥碧翠

该品种抗病性好，成熟期 55 天。株高 150 厘米左右，有分枝。花为金色深盘，花盘径 12~15 厘米。非常适合做切花。和其他花卉一起可搭配出独特的花束效果，也可在庭院种植。

柠檬碧翠

该品种成熟期 60 天，抗病性较好。株高 120 厘米左右，有分枝。花盘径为 9~12 厘米，黄色，是唯一一个纯柠檬色配绿色盘心的复合花类型。用作切花或庭院种植。

乐翻天

该品种成熟期 50 天，抗病性较好。株高 180 厘米左右，有分枝。花盘径为 12~15 厘米，颜色为赤金复色。用作切花和庭院美化。

赤日红焰

该品种成熟期 70 天，抗病性较好。株高 180 厘米左右，有分枝。花盘径为 12~15 厘米，土红深盘。用作切花或庭院美化。

开心小矮人

该品种成熟期 55 天，抗病性较好。株高 60 厘米左右，属于矮化分枝型。花盘径 12 厘米，黄色深盘。花期长，既可用于商业栽培，也可以用于制作盆花、花束，并且开花前可作为观赏植物。

◎ 油菜

【拉丁名】*Brassica campestris*（白菜型油菜）、*Brassica juncea*（芥菜型油菜）、*Brassica napus*（甘蓝型油菜）

【别　名】芸薹、寒菜、胡菜、苔芥、胡菜、薹菜

【科　属】十字花科芸薹属

【生物学特性】一年或二年生草本。茎直立，分枝或不分枝，高 30~90 厘米。下部茎生叶羽状半裂，上部茎生叶长圆状倒卵形、长圆形或长圆状披针形。总状花序在花期成伞房状，以后伸长；花鲜黄色，直径 7~10 毫米；花瓣倒卵形，长 7~9 毫米，顶端近微缺，基部有爪。长角果线形，长 3~8 厘米，宽 2~4 毫米。种子球形，直径约 1.5 毫米，紫褐色，含油量 40% 左右。花期 4—5 月，果期 5 月。北京地区的油菜花最佳观赏期为 4 月下旬至 5 月上中旬，可持续 20 天左右。

【常见品种】油菜按植物学分类，可分为白菜型、芥菜型、甘蓝型和埃塞俄比亚芥菜四大类，其中，甘蓝型油菜抗寒性较好，近年来推广较多。油菜按播期分类，可分为冬油菜和春油菜两种。其中，冬油菜品种主要有陇油 6 号、陇油 7 号；春油菜品种主要有天祝小油菜、秦杂油 19、陇油 2 号。

1　陇油 6 号

白菜型冬油菜，全生育期 288~295 天，属晚熟品种。苗期匍匐生长，叶片较小，叶色深绿，内茎端生长部位低，花芽分化迟，冬前不现蕾，组织紧密，薹茎叶全抱茎，生长发育缓慢，枯叶期早，抗寒性强。株高 105~110 厘米，分枝部位 14~17 厘米，有效分枝数为10个左右，主花序有效长度38~43厘米，主花序有效结角数55个左右，全株有效结角数235~245个，角粒数21粒左右，种子黑色，千粒重2.9~3.2克，单株生产力14克左右。

2 陇油7号

白菜型冬油菜，生育期288~295天，苗期匍匐生长，叶片较小，叶色深绿，花芽分化迟，冬前不现蕾，组织紧密，苔茎叶全抱茎。生长发育缓慢，枯叶期早，抗寒性强，越冬率80%以上。株高110~115厘米，分枝部位14~16厘米，有效分枝数为13~15个，主花序有效长度41厘米左右，主花序有效结角数49~53个，全株有效结角数295个左右，角粒数18~25粒，角果长度5厘米左右，千粒重3~3.1克。种子黑色，单株生产力13~14克，为晚熟品种。

3 天祝小油菜

白菜型北方小油菜的早熟品种，春性强，幼苗生长快，抗寒、抗旱性强。株高63~70厘米，均生分枝型，分枝部位在17厘米左右，一次有效分枝2~5个，角果长4.3~4.5厘米，籽节较明显，角粒数15~17，种子黑色，千粒重2.4克。亩产100千克左右，含油率40.51%。

4 秦杂油19

该品种由陕西省杂交油菜研究中心选育。该品种株高144厘米，分枝部位49厘米，有效分枝5个，主花序长55厘米，结角密度0.73个/厘米，角果数128，角粒数23，千粒重4克。

5 陇油2号

春性中晚熟甘蓝型春油菜品种，春播条件下生育期125天左右，较耐低温，株高142厘米左右，分枝部52厘米左右。角果数184.7，角粒数20.59，千粒重3.6克，单株生产力9.3克。

◎ 大豆

【拉丁名】*Glycine max*

【别　名】菽、黄豆

【科　属】豆科大豆属

【生物学特性】一年生草本，高 30~90 厘米。茎粗壮，直立，或上部近缠绕状，上部多少具棱，密被褐色长硬毛。叶通常具 3 小叶；托叶宽卵形，渐尖，长 3~7 毫米，具脉纹，被黄色柔毛；叶柄长 2~20 厘米，幼嫩时散生疏柔毛或具棱并被长硬毛；小叶纸质，宽卵形，近圆形或椭圆状披针形，顶生一枚较大，长 5~12 厘米，宽 2.5~8 厘米，先端渐尖或近圆形，稀有钝形，具小尖凸，基部宽楔形或圆形，侧生小叶较小，斜卵形，通常两面散生糙毛或下面无毛。总状花序短的少花，长的多花；总花梗长 10~35 毫米或更长，通常有 5~8 朵无柄、紧挤的花，植株下部的花有时单生或成对生于叶腋间。花紫色、淡紫色或白色，长 4.5~8 毫米。荚果肥大，长圆形，稍弯，下垂，黄绿色，长 4~7.5 厘米，宽 8~15 毫米，密被褐黄色长毛，种子 2~5 颗，椭圆形、近球形，卵圆形至长圆形，长约 1 厘米，宽 5~8 毫米，种皮光滑，淡绿、黄、褐和黑色等多样，因品种而异，种脐明显，椭圆形。花期 6—7 月，果期 7—9 月。

【常见品种】大豆起源于中国，至今已有 5 000 年的种植史。按植物学特性，大豆可分为野生种、半栽培种和栽培种 3 类；按播种季节，可分为春大豆、夏大豆、秋大豆和冬大豆。按大豆的用途可分为食用大豆和饲用大豆两大类，食用大豆中又分为油用大豆、副食和粮食用大豆、蔬菜用大豆及罐头用大豆 4 类。按颜色可分为黄、棕、绿、黑、花色等类。北京地区种植以夏大豆为主，在景观中应用以高蛋白品种、采摘品种或彩色品种为宜。

1　中黄 30

中黄 30 由中国农业科学院作物科学研究所选育，父母本为中品 661 × 中黄 14，2006 年通过国审，审定编号为国审豆 2006015。

该品种春播平均生育期 124 天，株高 63.8 厘米，单株有效荚数 48.1 个，百粒重 18.1 克。圆叶，紫花，有限结荚习性。种皮黄色，褐脐，籽粒圆形。经接种鉴定，表现为中感大豆花叶病毒病Ⅰ号株系，中感Ⅲ号株系，中抗大豆灰斑病。平均粗蛋白质含量 39.53%，粗脂肪含量 21.44%。

产量表现：2004 年参加北方春大豆晚熟组品种区域试验，平均亩产 193.3 千克，比对照辽豆 11 增产 10.6%（极显著）；2005 年续试，平均亩产 184.5 千克，比对照增产 8.3%（极显著）；两年区域试验平均亩产 188.9 千克，比对照增产 9.4%。2005 年生产试验，平均亩产 163.1 千克，比对照增产 5.4%。北京地区试验示范，2010 年平均亩产 197.6 千克，2011 年 237. 1 千克，稳产性较好。

栽培要点：适宜播期为 5 月上旬至 6 月上旬，选择中、上等肥力地块种植，每亩保苗 1.3 万 ~1.5 万株。

2　中黄 42

中黄 42 由中国农业科学院作物科学研究所选育，父母本为诱处 4 号 × 锦豆 33，2007 年通过国审，审定编号为国审豆 2007002。

该品种平均生育期 120 天，株高 71.1 厘米，有效分枝 0.9 个。单株粒数 62.0，百粒重 27.2 克。椭圆叶，紫花，灰毛，有限结荚习性。圆粒，具光泽。接种鉴定，抗 SMVSC3、SC11 和 SC13 株系，中感 SC8 株系，中感 SCN1 号生理小种。平均粗蛋白质含量 45.08%，粗脂肪含量 19.23%。

2004 年参加黄淮海中片夏大豆品种区域试验，平均亩产 177.8 千克，比对照齐黄 28 增产 2.1%（不显著）；2005 年续试，平均亩产 194.5 千克，比对照增产 3.2%（极显著）；两年区域试验平均亩产 186.1 千克，比对照增产 2.7%。2006 年生产试验，平均亩产 171.7 千克，比对照增产 8.68%。北京地区试验示范，2012 年平均亩产 180.1 千克，2013 年 192.2 千克。

栽培要点：适宜播期为 4 月下旬至 5 月上旬，选择中、上等肥力地块种植，每亩保苗 1.5 万株。适宜在中上等肥力地区种植，亩保苗 1.3 万株。

3 中黄 68

中黄 68 中国农业科学院作物科学研究所选育，父母本为中黄 18/7S3，2013 年通过北京市审定，审定编号为京审豆 2013002。

该品种在北京地区夏播全生育期 110 天，比对照冀豆 12 晚熟 1 天。亚有限结荚习性，卵圆叶，白花，棕毛，黄荚。平均株高 115.8 厘米，主茎节数 18.5 个，有效分枝 1.4 个；结荚高度 14.2 厘米，单株有效荚数 52.5 个，椭圆粒，种皮黄色，有光泽，黑脐，百粒重 21.4 克。经农业部谷物品质监督检验测试中心检测，粗蛋白质含量 38.91%，粗脂肪含量 19.79%，异黄酮组分总含量 5135.86 毫克 / 千克，属高异黄酮品种。经国家大豆改良中心人工接种鉴定，中感大豆花叶病毒病 SC3 和 SC7 株系。

两年区试平均亩产 207.5 千克，比对照冀豆 12 增产 2.1%。生产试验平均亩产 223.1 千克，比对照冀豆 12 增产 15.1%。

栽培技术要点：适宜中、上等肥力地块夏播种植，夏播 6 月中下旬播种，条播行距 40~50 厘米，一般密度 1.5 万株 / 亩左右；

适时早播，足墒下种，播前每亩施有机肥500千克、磷酸二铵10千克；出苗后适时间苗、定苗，如有缺苗及时补苗，确保苗齐、苗壮；出苗后及时中耕锄草，开花初期和鼓粒期注意浇水、初花期每亩追施5千克氮磷钾三元复合肥及防治病虫害；成熟后及时收获。

4　冀豆17

冀豆17是河北省农林科学院粮油作物研究所选育，父母本为Hobbit×早5241，2006年通过国审，审定编号为国审豆2006007。

该品种平均生育期114天，株高101.0厘米，主茎17.8节，有效分枝2.5个，单株粒数95.2粒，百粒重17.9克。椭圆叶，白花，棕毛，亚有限结荚习性，株型半开张。种皮黄色，圆粒，黑脐，有光泽。经接种鉴定，表现为抗大豆花叶病毒病SC3、SC11和SC13株系，中感SC8株系，中感大豆孢囊线虫病1号生理小种，高感4号生理小种。平均粗蛋白质含量38.0%，粗脂肪含量22.98%。

2004年参加黄淮海中片夏大豆品种区域试验，平均亩产185.8千克，比对照鲁99-1增产6.7%（极显著）；2005年续试，平均亩产203.3千克，比对照增产8.0%（极显著）；两年区域试验平均亩产194.6千克，比对照增产7.3%。2005年生产试验，平均亩产198.2千克，比对照增产5.4%。在北京地区春播试验示范，2010年平均亩产184.6千克，2011年241.2千克。

栽培要点：于5月上旬至6月初均可播种，每亩保苗1.2万~1.6万株；整地时要施足基肥，每亩施氮磷钾（比例为1：1：1）复合肥15~20千克，或磷酸二铵15~20千克，初花期至开花后10天结合浇水每亩追施尿素10千克。是栽培或养殖过程中主要环节的技术内容。雨水充足年份控制徒长。

◎ 花生

【拉丁名】*Arachis hypogaea*

【别　名】金果，长寿果、长果、番豆、金果花生、地果、唐人豆、花生豆、落花生

【科　属】豆科落花生属

【生物学特性】一年生草本。根部有丰富的根瘤；茎直立或匍匐，长 30~80 厘米，茎和分枝均有棱，被黄色长柔毛，后变无毛。叶通常具小叶 2 对；托叶长 2~4 厘米，具纵脉纹，被毛；叶柄基部抱茎，长 5~10 厘米，被毛；小叶纸质，卵状长圆形至倒卵形，长 2~4 厘米，宽 0.5~2 厘米，先端钝圆形，有时微凹，具小刺尖头，基部近圆形，全缘，两面被毛，边缘具睫毛；侧脉每边约 10 条；叶脉边缘互相联结成网状；小叶柄长 2~5 毫米，被黄棕色长毛；花长约 8 毫米；苞片 2，披针形；小苞片披针形，长约 5 毫米，具纵脉纹，被柔毛；萼管细，长约 4 厘米；花冠黄色或金黄色，旗瓣直径 1.7 厘米，开展，先端凹入；翼瓣与龙骨瓣分离，翼瓣长圆形或斜卵形，细长；龙骨瓣长卵圆形，内弯，先端渐狭成喙状，较翼瓣短；花柱延伸于萼管咽部之外，柱头顶生，小，疏被柔毛。荚果长 2~5 厘米，宽 1~1.3 厘米，膨胀，荚厚，种子横径 0.5~1 厘米。花果期 6—9 月。

【常见品种】花生原产于南美洲一带。

1　花育 25

花育 25 号系山东省花生研究所于 1997 年用鲁花 14 号为母本，花选 1 号为父本杂交，后代采用系谱法选育而成。2007 年 4 月通过山东省农作物品种审定委员会审定定名，审定编号为鲁农审 2007031 号。

该品种属早熟直立大花生，生育期 129 天左右。主茎高 46.5

厘米，株型直立，分枝数 7~8 条，叶色绿，结果集中。荚果网纹明显，近普通型，籽仁无裂纹，种皮粉红色，百果重 239 克，百仁重 98 克，每千克果数 571 个，每千克仁数 1 234 个，出米率 73.5%，脂肪含量 48.6%，蛋白质含量 25.2%，油酸 / 亚油酸比值 1.09。抗旱性强，较抗多种叶部病害和条纹病毒病，该品种后期绿叶保持时间长、不早衰。

该品种在 2004—2005 年山东省花生新品种大粒组区域试验中，平均亩产荚果 319.79 千克，籽仁 232.49 千克，分别比对照鲁花 11 号增产 7.28% 和 9.43%，2006 年参加生产试验，平均亩产荚果 327.6 千克，籽仁 240.9 千克，分别比对照鲁花 11 号增产 10.9% 和 12.2%。

栽培要点：该品种适宜中等肥力以上土壤种植。春播每亩 9 000~10 000 穴，每穴 2 粒。播种时，施足基肥，确保苗齐苗壮。加强田间管理，特别是防旱排涝。

2 冀花 4 号

冀花 4 号是河北省农林科学院粮油作物研究所选育，母本为 88—8，8609 为父本进行有性杂交，2003 年 12 月通过河北省科学技术厅鉴定。2004 年获国家植物新品种保护权，公告号 CNA001334E。

该品种为疏枝普通型中小果花生品种，株型直立，连续开花。株高 35~45 厘米，总分枝 8~9 条。单株结果数 15 个以上，饱果率 72.3%，百果重 187 克，单株产量可达 20 克，种皮粉红色，出米率 75.6%，百仁重 80 克。平均脂肪含量 57.65%、粗蛋白质含量 26.07%、油酸 / 亚油酸比值为 1.51。榨 1 千克食用油仅需 5.6 千克荚果，较生产中常用的花生品种 6.4~7 千克少用 0.8~1.4 千克花生荚果，是理想的油用型花生品种。

该品种适宜多种方式栽培。春播生育期 120~130 天，夏播生育期 110 天左右。可适宜地膜春播、露地春播、麦套、夏直播 4 种种植方式。该品种抗叶斑病、耐病毒病、抗旱抗倒，稳产性强。

3　鲁花 11 号

鲁花 11 号系青岛农业大学农学与植物保护学院以花 28 为母本，534-211 为父本，杂种 I 用激光诱变，于 1988 年育成。1992 年通过山东省农作物品种审定委员会审定命名。

该品种中熟，直立大花生，生长势强，不早衰。连续开花，结果集中，果柄短而韧，不易落果。株高 45 厘米，分枝 8~10 条，株型紧凑，结果集中，百果重 210 克、百仁重 90 克。综合性状优异，荚果整齐，双仁饱果率高，出米率高，抗病性强，不早衰，丰产性和稳定性好，耐贮藏。不耐涝。较抗褐斑病、黑斑病和网斑病，中抗枯萎病和病毒病。不耐涝，种子休眠期较短，易发芽。属春夏兼用的中早熟大花生。专家鉴定结论为：育成的高（O/L）比值、高产新品种鲁花 11 号，是国内疏枝型大花生品种选育上的一次新突破，在丰产性与抗旱性结合方面具有较大突破，居国内同类品种领先水平。

适宜中等以上肥力水平春播，高产地块覆膜栽培更能发挥其增产潜力。春播种植密度 9 000 穴 / 亩，麦套 10 000~11 000 穴 / 亩，每穴 2 粒，其他措施同当地品种。

4　花育 36

花育 23 号是山东省花生研究所选育，2004 年 3 月经山东省农作物品种审定委员审定。

该品种属疏枝型直立小花生，生育期 129 天。主茎高 37.2 厘米，侧枝长 43.1 厘米，百果重 153.7 克，百仁重 64.2 克，出米率 74.5%；粗脂肪含量 53.1%，蛋白质含量 22.9%，油酸 / 亚油酸比值（O/L）1.54。出苗整齐，生长稳健，种子休眠性、抗旱性强，较抗叶斑病和网斑病。

适于排水良好、中等以上肥力的沙壤土种植，春播每亩 1.0 万 ~ 1.1 万穴，夏播每亩 1.1 万 ~1.2 万穴，每穴 2 粒。

◎ 芝麻

【拉丁名】*Sesamum indicum*

【别　名】菽、黄豆

【科　属】胡麻科胡麻属

【生物学特性】一年生直立草本。高60~150厘米，分枝或不分枝，中空或具有白色髓部，微有毛。叶矩圆形或卵形，长3~10厘米，宽2.5~4厘米，下部叶常掌状3裂，中部叶有齿缺，上部叶近全缘；叶柄长1~5厘米。花单生或2~3朵同生于叶腋内。花萼裂片披针形，长5~8毫米，宽1.6~3.5毫米，被柔毛。花冠长2.5~3厘米，筒状，直径1~1.5厘米，长2~3.5厘米，白色而常有紫红色或黄色的彩晕。雄蕊4，内藏。子房上位，4室（云南西双版纳栽培植物可至8室），被柔毛。蒴果矩圆形，长2~3厘米，直径6~12毫米，有纵棱，直立，被毛，分裂至中部或至基部。种子有黑白之分。花期夏末秋初。

【常见品种】芝麻原产印度，我国汉时引入，古称胡麻（今日本仍称之），但现在通称脂麻，即芝麻。芝麻在我国栽培极广，历史悠久。其种子含油分55%，除供食用外，又可榨油，油供食用及

妇女涂头发之用，亦供药用，作为软膏基础剂、黏滑剂、解毒剂。种子有黑白二种之分，黑者称黑芝麻，白者称为白芝麻。

1 晋芝2号

晋芝2号原名汾芝1号，由山西省农业科学院经作所从农家品种三角芝麻中系选而成，1995年4月经山西省农作物品种审定委员会审定命名。

该品种株高150~170厘米，单秆方茎，叶、秆终生浓绿。1叶3茹，茹果四被，茹果长3.5~3.9厘米。始茹部位25~30厘米，茹果密集，单茹籽粒数81粒，白粒，千粒重3.0~3.2克。产量稳定，适应性强，高抗枯萎及茎点枯篓病，也较抗倒，抗旱，耐湿。据农业部谷物品质监督检验测试中心化验：含池率55.28%，粗蛋白含量26.92 %。

该品种适宜北京地区春播，生育期120~127天，亩播量0.3~0.4千克，亩留苗1万~1.2万株，行距40厘米，株距15厘米。亩施底肥硝酸磷15千克，蕾花期结合浇水亩追尿素7.5千克，并叶面喷施矮壮素、多菌灵和磷酸二氢钾2~3次。适时打顶，收获前15~20天打顶或喷施比久防治病虫害。

2 黑芝麻

农家品种，一年生草本植物，高80~180厘米。茎直立，四棱形，棱角突出，基部稍木质化，不分枝，具短柔毛。叶对生，或上部者互生；叶柄长1~7厘米；叶片卵形、长圆形或披针形，长5~15厘米。花单生，或2~3朵生于叶腋，花冠筒状，唇形，白色，有紫色或黄色彩晕，裂片圆形。蒴果椭圆形，长2~2.5厘米，多4棱或6、8棱，纵裂，初期绿色，成熟后黑褐色，具短柔毛。种子多数，卵形，两侧扁平，黑色、白色或淡黄色。

◎ 胡麻

【拉丁名】*Linum usitatissimum*

【别名】亚麻、麻仔、鸟麻、白麻

【科属】亚麻科亚麻属

【生物学特性】一年生草本。茎直立，高 30~120 厘米，多在上部分枝，有时自茎基部亦有分枝，但密植则不分枝，基部木质化，无毛，韧皮部纤维强韧弹性，构造如棉。叶互生；叶片线形，线状披针形或披针形，长 2~4 厘米，宽 1~5 毫米，先端锐尖，基部渐狭，无柄，内卷，有 3（5）出脉。花单生于枝顶或枝的上部叶腋，组成疏散的聚伞花序；花直径 15~20 毫米；花梗长 1~3 厘米，直立；萼片 5，卵形或卵状披针形，长 5~8 毫米，先端凸尖或长尖，有 3（5）脉；中央一脉明显凸起，边缘膜质，无腺点，全缘，有时上部有锯齿，宿存；花瓣 5，倒卵形，长 8~12 毫米，蓝色或紫蓝色，稀白色或红色，先端啮蚀状；雄蕊 5 枚，花丝基部合生；退化雄蕊 5 枚，钻状；子房 5 室，花柱 5 枚，分离，柱头比花柱微粗，细线状或棒状，长于或几等于雄蕊。蒴果球形，干后棕黄色，直径 6~9 毫米，顶端微尖，室间开裂成 5 瓣；种子 10 粒，长圆形，扁平，长 3.5~4 毫米，棕褐色。花期 6—8 月，果期 7—10 月。

【常见品种】芝麻原产地中海地区，现欧、亚温带多有栽培。我国各地皆有栽培，但以北方和西南地区较为普遍；有时逸为野生。

1 陇亚 11 号

陇亚 11 号是甘肃省农业科学院经济作物研究所选育，白银市农科所 2008 年引进示范，2009—2010 年在会宁、靖远、平川进行了品比和多点试验，已在生产上大面积示范种植。

该品种幼苗直立，叶片宽，叶茎色较深，株型较紧凑。株高 49.8~63.9 厘米，工艺长度 43.2~55.1 厘米，有效分枝 5~6 个，花蓝色，单株蒴果 29.7 个，籽粒褐色，千粒重 7.2~7.6 克，生育期 99~120 天，属中熟品种。含油率在 40.02%~41.09%。抗倒伏、抗旱，高抗枯萎病，抗白粉病。

栽培要点：施肥以底肥为主，一般亩施优质农家肥 2500 kg、普通过磷酸钙 70 千克、尿素 7~10 千克，适当追施氮肥和磷酸二铵。播种量旱地一般为 3.5 千克 / 亩，保苗 25 万 ~30 万株，水地亩播量一般为 4.0~4.5 千克，保苗 40 万 ~45 万株。要合理轮作，轮作周期应控制在 3 年以上为宜。

2 陇亚 9 号

陇亚 9 号是甘肃省农业科学院经作所育成的胡麻杂交品种，2000 年 12 月中旬经甘肃省农作物品种审定委员会审定通过。

该品种为油用品种。幼茎绿色，叶披针形，株高 65 厘米左右，株型扫帚形。种子褐色，千粒重 6.0~8.0 克，含油率 41.40%。生育期 97~104 天。耐肥抗倒，高抗胡麻枯萎病。成熟一致，落黄好。

产量水平：在 1996—1998 年全省区试中，平均亩产 91.21 千克，比对照陇亚 7 号增产 12.13%。

一般亩播量 3~3.5 千克，保苗 25 万 ~ 35 万株。中等肥力地块亩施有机肥 2000~3000 千克，磷酸二铵 15 千克。

第三章

景观油料作物栽培技术

◎ 向日葵栽培技术

◎ 油菜栽培技术

◎ 大豆栽培技术

◎ 花生栽培技术

◎ 芝麻栽培技术

◎ 胡麻栽培技术

◎ 向日葵栽培技术

选地整地

向日葵对土壤的适应性很广，一般 pH 值在 5.5~8.5，重黏土到轻砂质土，有机质含量从 1%~10% 的土壤都可种植，但仍以土层深厚、腐殖质含量高、结构好、保水保肥强的黑钙土、黑土及肥沃的冲积土上栽培更为适宜。向日葵不能重茬、迎茬，在没有列当寄生地区，也要实行 4~5 年轮作。禾本科作物是向日葵的良好前作。向日葵播前宜深翻，耕翻深度以 20~25 厘米为宜。

合理施肥

基肥以有机肥为主，配合使用化肥。每亩施入腐熟、发酵的有机肥 2~3 立方米，化肥一般亩施尿素 20 千克，磷酸二铵 20 千克，硫酸钾 15 千克做底肥。

播种定植

北京地区的食葵播种时间在 6 月中旬左右，定植密度以每亩 1 800~2 000 株为宜；油葵在 6 月 25 日至 7 月 15 日播种，以每亩 3 500~4 000 株为宜；彩葵一般 4 月中旬到 8 月上旬均可以播种，亩种植密度在 2 000~4 000 株。

田间管理

出苗后及时查苗，作好定苗和补苗，每穴确保只留 1 苗。向日葵苗期生长缓慢，应作好中耕除草工作。现蕾期亩追施尿素 5~10 千克，磷酸二铵 10 千克。向日葵在北京地区以旱作为主，在雨季播种，生育期内基本不用灌溉，依靠天上水即可满足生长发育所需水分。

向日葵病虫害发生率较低，主要病害为白粉病、黑斑病、细菌性叶斑病、锈病（盛行于高湿期）和茎腐病。为害向日葵的害虫有蚜虫、盲蝽、红蜘蛛和金龟子等。注意针对出现的病虫害，综合防控。

适期收获

当花盘背面发黄，茎秆黄色，舌状花脱落，种子壳坚硬，即可收获。食用型向日葵含水量要降到 10%~12%，油用向日葵要降到 7%，才能安全贮藏。

◎ 油菜栽培技术

冬油菜景观栽培技术

1 选地整地

冬油菜适应性较强，对土壤要求不严格，但以土层较厚、肥沃、疏松的土壤为宜。油菜种子小，幼芽顶土力弱，播前要精细整地。

2 合理施肥

有条件的地方应多施农家肥；化肥一般亩施磷肥 5~6 千克，纯氮 10~14 千克，氮肥的 40% 在抽薹期追施。

3 播种定植

冬油菜以 9 月上中旬播种为宜，墒情不足的地块在播前 7~10 天浇足底墒水，亩播种量约为 0.5 千克。4 月下旬日定苗，保苗一般以每亩 40 000~50 000 株。出苗后 2~3 片叶间苗，4~5 片叶时定苗。定苗要求行距 20 厘米，株距 5~10 厘米。

4 田间管理

11 月底灌越冬水，次年 4 月上旬浇返青水并亩追施尿素 15 千克。

油菜在抽薹开花后很容易发生蚜虫和潜叶蝇，应尽早注意防治。蚜虫防治方法为，每亩用 10% 吡虫林可湿性乳剂 15~20 克或 50% 抗蚜威可湿性粉剂 15~20 克对水 20 千克喷雾。潜叶蝇可用 25% 快杀灵乳油 1 000 倍液或 5% 来福灵乳油 2 500 倍液进行防治，前两次要连续喷，以后每隔 5~7 天喷 1 次。

冬油菜在雨水较多的年份易发生白粉病。可用石硫合剂 0.3~0.5 度喷雾，还可用 40% 灭菌丹可湿剂 600~800 倍液，15% 粉锈宁 1 000 倍液等。

5 适期收获

北京地区一般 5 月底至 6 月初收获，当全田 70% 的角呈蜡黄色时应及时收获。为防止收获时裂角掉粒，应选择上午或阴天收获。收获后晾晒 3~5 天即可脱粒，籽粒晾干后入仓。

春油菜景观栽培技术

1 选地整地

冬油菜适应性较强，对土壤要求不严格，但以土层较厚、肥沃、疏松的土壤为宜。油菜种子小，幼芽顶土力弱，播前要精细整地。

2 合理施肥

播前将有机肥 2 000~3 000 千克 / 亩耕翻入地，同时播种机深施化肥做底肥，一般磷酸二铵 4~5 千克 / 亩、尿素 1~2 千克 / 亩。

3 播种定植

日平均气温稳定在 2~3℃、土壤解冻 5~6 厘米即可播种。播种深度 2~3 厘米，行距 15 厘米或 30 厘米，播种量为 0.4~0.5 千克 / 亩。4~5 叶期时及时中耕除草、定苗，株距 3 厘米，保苗密度 6~7 万株 / 亩。

4 田间管理

视长势和墒情，一般灌水 2 次，分别为抽薹后开花前和开花后期。抽薹后开花前结合灌溉或下雨前追施尿素 6~8 千克 / 亩。开花初期，叶面追施磷酸二氢钾 200 克 / 亩、尿素 200 克 / 亩、硼肥 100 克 / 亩，防止“花而不实”。

油菜在抽薹开花后很容易发生蚜虫和潜叶蝇，应尽早注意防治。蚜虫防治方法为，每亩用 10% 吡虫林可湿性乳剂 15~20 克或 50% 抗蚜威可湿性粉剂 15~20 克对水 20 千克喷雾。潜叶蝇可用 25% 快杀灵乳油 1 000 倍液或 5% 来福灵乳油 2500 倍液进行防治，前两次要连续喷，以后每隔 5~7 天喷 1 次。

冬油菜在雨水较多的年份易发生白粉病。可用石硫合剂 0.3~0.5 度喷雾，还可用 40% 灭菌丹可湿剂 600~800 倍液，15% 粉锈宁 1 000 倍液等。

5 适期收获

当油菜全株 2/3 以上角果呈枇杷黄色，即全田 80% 成熟时收割，以免造成裂角损失。割后进行打堆，促进油菜籽充分后熟，增加千粒重和含油量。

◎ 大豆栽培技术

选地整地

合理耕翻整地能熟化土壤，蓄水保墒，并能消灭杂草和减轻病虫为害，是大豆苗全苗壮的基础。大豆是直根系作物，要求土壤结构上虚下实，土壤容重不超过 1.2 克 / 厘米^3，含水量在 20% 以上时，才能良好发育。因此合理耕翻，精细整地创造一个良好的耕层构造十分必要的。

根据当地的生态特点、生产条件及茬口等灵活运用。种植春大豆地块如果没有无深翻深松基础，可采用伏秋翻同时深松或旋耕同时深松，或耙茬深松；耕翻深度 18~20 厘米、翻耙结合，无大土块和暗坷垃，耙茬深度 12~15 厘米，深松深度 25 厘米以上；有深翻深松基础的地块，可进行秋耙茬，拣净茬子，耙深 12~15 厘米。种植夏大豆地块在小麦收后抓紧灭茬整地，抢墒播种，采用机械化深松旋耕整地，保证土壤含水量在 20% 以上时，创造一个良好的耕层构造。

合理施肥

以有机肥为主，化肥为辅，有机肥和无机肥配合施用。施足底肥，酌情追肥，生长的中后期叶面喷肥。每亩增施优质农家肥 2 000~2 500 千克，并配合施用氮、磷、钾等化肥，一般每亩施用尿素 10~15 千克，磷酸二铵 10~15 千克，硫酸钾 10~12 千克，农肥和磷、钾肥做底肥施入，氮肥在花前或初花期追施。也可用大豆专用肥拌种，每亩种子用 0.5 千克大豆专用肥拌种。

播种定植

选用国家或北京市审定通过的大豆品种。种子纯度 98% 以上，发芽率 85% 以上，含水量 12% 以下。并清除杂粒、病粒、残粒。在晴天上午，把种子摊放在平整的场地上，厚度 6 厘米左右，晾晒 1~3 天。

春播大豆的适宜播种期为 5 月初至 5 月下旬，夏播大豆应在 6 月 25 日以前播种。播种时要求土壤含水量为田间持水量的 70%~80%，以确保一播全苗，苗齐苗壮。

采用精量机播，一般 4~6 千克 / 亩，等行距种植，行距 40 厘米，或宽窄行种植，宽行 40 厘米，窄行 20 厘米。播种深度 3~4 厘米，播种平整，覆土保墒。播后及时喷施除草剂，以防治苗期杂草。

田间管理

1 苗期

确保苗全苗壮，若有缺苗断垄的地块，及时查苗补种或带土移栽。在苗全苗匀基础上培育壮苗，即茎秆粗壮，第 1 节间短（控制在 1 厘米之内），把群体控制在预定的指标范围内。若土壤含水量降为田间持水量的 60% 以下时，要及时浇水；结合定苗中耕除草。

2 分枝期

深中耕除草或串沟培土。减少杂草对土壤养分的消耗，同时保墒防旱。疏松土壤可促进根系发育，并有断根控制旺长的作用。注意防治豆秆蝇、蚜虫和红蜘蛛等。此期，适时追施少量氮肥可满足分枝与花芽分化的需要。

3 花荚期

营养生长与生殖生长并进期，亦是大豆一生中生长最旺盛时期，需大量的养分和水分，应适时浇水防旱增花保荚。此期，要求土壤含水量不低于田间持水量的 75%~80%，另外，需叶面喷施磷、钾、钼、硼、锌等肥料。主要防治豆天蛾、造桥虫、甜菜夜蛾、豆荚螟和食心虫。

4 鼓粒期

主要任务是以水调肥。养根护叶不早衰。合理灌排，抗旱、排涝。鼓粒前期要求土壤含水量保持在田间最大持水量的 70%~80%，低于此指标及时灌溉。大雨、暴雨后应及时挖沟排水，防止土壤通气不良，影响大豆正常生长发育。补施鼓粒肥是提高百粒重的有效措施，大豆叶片对养分有很强的吸收能力，叶面喷肥可延长叶片的功能期，且肥料利用率很高，对鼓粒结实作用明显。鼓粒前期有早衰现象的豆田，每亩可用尿素 0.5~1 千克加磷酸二氢钾 100~150 克，再加上硼、钼、锌等微肥对水 75 千克于晴天傍晚进行喷施。继续防治豆天蛾、造桥虫、斜纹夜蛾等，保护叶面少受损害。

适期收获

在大豆黄熟末期至完熟期收获，此时，大豆茎、荚全部变黄、籽粒变硬，荚中籽粒与荚皮脱离，摇动时豆株有响铃声。收获脱粒后及时晾晒，待籽粒含水量降到 12%~13% 时，即可入库贮藏。

◎ 花生栽培技术

选地整地

花生地选在无工业和生活污染源的地块上，最好选择沙壤土或轻沙壤土种植，不宜安排在土壤较黏重的地块上，盐碱地、涝洼地禁止种花生。花生宜与粮谷作物、薯类实行 2~3 年轮作。

花生要精细整地，打好播种基础。在冬深耕的基础上，早春化冻后，要及时进行旋耕整地。旋耕时，要随耕随耙耢，并彻底清除残余农作物根茎、地膜、石块等杂物，做到耙平、土细、肥匀、不板结。适宜夏直播的地区，要抢时灭茬整地，为夏直播花生播种打好基础。

合理施肥

增施农家肥，努力改善土壤结构，提高土壤耕层的有机质含量。一般高产田亩施有机肥 3 000~4 000 千克；中低产田亩施有机

肥 2 000~3 000 千克。在施肥过程中，切忌施用未经腐熟的鸡粪、牲畜粪，防止将蛴螬等害虫带入土壤，增加土壤的虫口基数。氮磷钾配施，常规化肥与控释肥配施。

其中，高产田一般亩施纯氮 8~10 千克，磷（P_2O_5）6~8 千克，钾（K_2O）8~11 千克。高产田可将化肥总量的 60%~70% 改用控释肥，保证花生后期养分供应，防止早衰。中低产田一般亩施纯氮 4~7 千克，磷（P_2O_5）3~5 千克，钾（K_2O）4~6 千克。中低产田可将全部有机肥、2/3 化肥结合耕地施入，1/3 化肥在起垄时包施在垄内或播种时用播种机施肥器施在垄中间。

因地制宜施用微肥。应根据不同地区或地块土壤养分丰歉情况，适当增加微量元素肥料的施用。每亩施用硼肥 0.5~1 千克，锌肥 0.5~1 千克。酸性土还应每亩施用钙肥 20~30 千克，碱性土每亩施用铁肥 2.5~3 千克。

播种定植

提高播种质量是保证花生苗全、苗匀、苗壮，群体合理发展和实现花生高产的基础，要重点抓好以下技术环节。

1　搞好种子处理

剥壳前晒种 2~3 天，播种前 7~10 天剥壳。剥壳时，剔除虫、芽、烂果。剥壳后，将种子分成 3 级，同时剔除与所选用品种不符的杂色种子和异形种子。选用一、二级种子播种，先播一级种，再播二级种。机播剔除过大的种子，以二级种为主，种子大小越匀越好。

播前进行药剂拌种或盖种。推荐选用 50% 辛硫磷乳剂（或辛硫磷微胶囊）或 30% 毒死蜱微囊悬浮剂，按种子量的 0.2% 进行拌种，或拌适量土盖种，防治春季上移为害的金龟越冬幼虫及花生苗期发生的金龟等地上、地下害虫。选用 50% 多菌灵可湿性粉剂 36 克 / 亩（药种比 1：400），或用 40% 福美双可湿性粉剂 90 克 / 亩（药种比 1：150）拌种，防治花生烂种及茎腐病、根腐病等。选用

25% 多·福·克按药种比 1:（40~50）拌种，或用 25% 毒·多·福悬浮种衣剂按药种比 1:（50~70）拌种，防治多种病虫害。

2 增加密度

增加密度是花生高产关键技术措施之一。要根据品种特性、种植制度、土壤条件等因素，因地制宜合理确定花生种植密度，中果品种的花生，密度以 1.2 万穴 / 亩左右，大果品种，以 1 万穴 / 亩为宜。起垄覆膜种植，垄面种植两行花生，每穴双粒（下同）为宜，垄面种植两行花生，畦上宽 60~65 厘米，畦底宽 85~90 厘米，畦间距 30 厘米，畦与畦间行距 50~60 厘米，畦上行距 35~40 厘米，畦高 10~12 厘米，膜宽 90 厘米，厚度 0.05 毫米。垄距为 30~35 厘米，垄面距为 65~70 厘米，穴距为 13.2~16.5 厘米。

3 适期足墒播种

花生存在播种期偏早的现象。播种过早，花生生育进程与气候条件不相协调，盛花期处在雨季前的旱季，影响花生下针结果，而饱果期处在雨季，易造成烂果。同时早播易遭受低温冷害，引发花生病毒病。因此，在墒情有保障或有抗旱播种条件的地方要适期晚播。适宜播期为 4 月 25 日至 5 月 10 日，如果墒情不足，应及时造墒或溜水播种。应根据“干不种深、湿不种浅”的原则根据土壤墒情确定合理的播种深度，一般播深以 3~4 厘米为宜。

4 机播覆膜

选择适宜地膜。春花生大垄种双行花生覆膜，膜宽以 900~1 000 毫米为宜，厚度为 0.005~0.006 毫米，透光率达到 70%~90%，展铺性能应不粘卷，容易覆盖，膜与垄面贴实无褶皱。断裂伸长率纵横≥ 100%，确保机播覆膜期间不碎裂。大力推广膜上压土引苗技术。沿播种行覆上 3~5 厘米高的土垄，使花生子叶节自行出土。未压土引苗的覆膜花生注意及时破孔放苗，以免烧苗。

田间管理

1　撤土清棵

撤土清棵　播种行上方覆土的地块，当幼苗顶裂土堆现绿时，及时将播种行上方的土（堆）撤至垄沟。覆土不足花生幼苗不能自动破膜出土，需要人工破膜释放幼苗。破膜后随即抓一把松散的湿土盖在膜孔上方，以保温、保湿和避光引苗出土。自团棵期开始，要及时检查并抠取压埋在膜下横生的侧枝，使其健壮发育。始花前需进行 2~3 次。

破膜放苗　播种行上方未覆土的地块，当幼苗顶土时，及时破膜压土引苗。方法是用拇指、食指、中指 3 指在幼苗上方开一个直径为 3~4 厘米的圆孔，随即抓一把松散的湿土盖在膜孔上方，厚度约 4~5 厘米，引苗出土。由于花生出苗速度不一，破膜放苗可分批进行。如果幼苗已露出绿叶，破膜放苗要在 9 时以前或 16 时以后进行，以免高温闪苗伤叶。当花生有 2 片复叶展现时，要及时将膜孔上的土堆撤至垄沟，露出子叶节，主茎有 4 片复叶时，要及时检查并抠取压埋在膜下横生的侧枝，使其健壮发育。始花前需进行 2~3 次。

查苗补苗　花生出苗后，立即查苗，发现缺苗，及时补种或补苗。缺苗严重的地块，用原品种催芽补种；缺苗较轻的地块，可在花生 2~3 叶期带土移栽。栽苗时间最好选在傍晚或阴天进行，栽后浇水。起苗后的空地集中补种同品种花生。

2　综合防治病虫草害

叶斑病用 50% 多菌灵可湿性粉剂 800~1500 倍液或 75% 百菌清可湿性粉剂 500~800 倍液喷雾。

茎腐病、黑霉病用 50% 多菌灵可湿性粉剂按 0.5% 浸种 24 小时，药水被种子吸干后播种，或用 50% 多菌灵粉剂 250~300 克拌花生种仁 50 千克。

地下害虫播种期用甲基异柳磷颗粒剂或呋喃丹颗粒剂按有效成分每亩 50 克直接或拌毒土盖种，6 月中旬在土壤湿润时每亩用 10% 辛拌磷粉粒剂 1 千克或 5% 甲基异柳磷颗粒剂 2 千克直接或兑细土 5 千克拌均匀，集中而均匀地施于花生主根处土表上即可，或每亩均匀地种 350~400 株蓖麻可有效杀死地下害虫。

蚜虫用 30% 蚜克灵可湿性粉剂 2 000 倍液，40% 乐果乳油或 40% 氧化乐果乳油 1 000 倍液喷雾。

草害防除在花生出苗前用乙草胺防除，出苗后用拿扑净、闲锄、金盖、红火，任选一种防除。

适期收获

当同一块田里大部分植株的叶片和茎秆，逐渐衰老变黄，叶片上出现细小的褐色小斑点时，荚果已变硬，内果皮呈现褐黑色斑点时，选晴天进行收获，收回的花生荚果实行晾干。清除地膜防止污染，收获前 5 天人工顺垄揭除地膜，带出田外。

花生一般亩产干茎叶 100~150 千克，相当于 50~75 千克玉米籽实的营养价值，可喂食牲畜和家畜，所以要把它收好，不要烧掉。

安全贮藏

收后晒干，干后摘果，摘果后在泥土场上晒果，当荚果含水率 10% 以下，气温 10℃以下时装袋入库。装花生荚果的袋子要透气，贮藏在干燥、通风、向阳的仓库内，做好防鼠、防潮工作，不得放化肥、农药，不得有取暖设施。

◎ 芝麻栽培技术

选地整地

精细整地，保持水土水分是全苗的关键。在土壤水分多的情况下可在犁地后纵横精细耙地，播种后耙地盖种，在土壤水分少的情况下，耙地后立即播种、耙地盖种，并镇压保墒芝麻怕渍，而生育期是在雨水较多的时期，因此在单种芝麻的时候要做畦（2~3 米宽），平开好畦沟、腰沟及围沟，以便及时排灌。

合理施肥

基肥以有机肥为主，配合以过磷酸钙和磷酸二胺。基肥应浅施。在酸性土壤，基肥应增施石灰、草木灰。在土壤中磷钾含量低的地区应增施磷钾肥。芝麻的追肥，除在土贫瘠的地区或田块要施

用苗肥外，分枝品种一般在分枝出现时施用，单杆品种在现蕾到始花期施用。根外施肥一般用 0.4% 磷酸二氢钾，在始花到盛花期，选晴天下午喷施，隔两天再喷施一次。在缺硼的地区应施用硼肥。

播种定植

芝麻适宜的播期是 5 月下旬至 6 月上旬。每亩用种量，撒播为 400 克，条播为 350 克，点播为 250 克。在土壤肥力高、病虫害少、含水量高的田块可适当少播。播种方式有点播、撒播和条播 3 种。撒播是江淮地区的传统播种方式，适宜与抢墒播种。撒播时种子均匀疏散，覆土浅，出苗快，但不利于田间管理。条播能控制行株距，实行合理密植便于间苗中耕等田间管理，适宜机械化操作。点播每穴 5~7 粒种子。无论何种播种方式，浅播、匀播，深度 2~3 厘米为宜。

3~4 片真叶以前定苗，间苗至合理的密度。其中，单杆型品种种植密度为每亩 8 000~10 000 株，分支型的品种 6 000~8 000 株。

田间管理

1　中耕除草

从出苗到始花要中耕 3~4 次，封行以后不可再中耕，中耕结合培土，有利于排水防渍，防止倒伏。

2　灌溉排水

芝麻对土壤水分反应最敏感，既怕渍涝，又不耐长期干旱，因此必须注意灌溉和排水。

适期收获

芝麻在成熟时要及时收获。因为芝麻含油量高，不宜贮藏。故进仓时种子含水量不能超过 7%。

◎ 胡麻栽培技术

选地整地

胡麻根系不耐涝，应选择雨后不涝、旱而不干，保肥力强、无杂草的地块。不适宜选择沼泽土、渍水地、沙性易旱地种植。采取秋深耕、冬镇压、春季顶凌耙磨，播后根据墒情进行砘压等蓄水保墒办法。其中，前茬收获后，立即进行秋深耕，要求 15~20 厘米深。为防止蒸发跑墒，进入 3 月中旬就要抓紧时间磙压土地，待早春土壤表层解冻时进行顶凌耙磨。

合理施肥

旱地胡麻必须重施底肥，杜绝白茬下种，做到氮磷配合。一般保证亩施有机肥 500~1 000 千克，亩施磷酸二铵 4~5 千克，磷肥 10~15 千克，并采用集中沟施。

追肥以氮肥为主。施提苗肥，结合第 1 次灌水，每亩追尿素 5 千克。施攻蕾肥，即当苗高 15~20 厘米时，胡麻顶端低头，进入营养生长和生殖生长并进时期，每亩追施 8~10 千克尿素。如胡麻苗长势旺盛、不缺肥，攻蕾肥可以少施或不施。

播种定植

根据胡麻种子在 1~3℃发芽的特性，当平均气温稳定到 7~8℃时即可播种。过早地温低，影响出苗，甚至出现烂种；过晚则会影响胡麻产量。

一般采用机械条播，用 7.5 厘米或 15 厘米条播机播种后交叉播种。每亩播种量 6~8 千克，亩保苗 30 万 ~45 万株。

根据土壤湿度、质地而定，适宜的播种深度一般在 3 厘米左右。墒情好的地块和夜潮地宜浅不宜深；墒情较差和整地粗糙的地块要播深一些，但不能超过 3.5 厘米，否则会降低出苗率。

田间管理

1 灌水

根据胡麻需水特点，一般在苗高 6~10 厘米时灌第 1 次水，头水要小水细灌，以免冲坏胡麻苗；现蕾到开花前灌第 2 次水，满足植株迅速生长和开花结桃对水分的需求；胡麻开花后，视天气情况，若干旱，土壤出现龟裂，要继续浅浇水，但要防止倒伏，以免造成减产。

2 除草

胡麻幼苗生长比较缓慢，而早春杂草的生长速度几乎是胡麻的 10 倍，如果不及时除草会形成草荒。可采用化学除草的方法，在株高 3~4 厘米时，每亩用 20% 拿扑净 200~300 克加 70% 的二甲四氯 50~70 克对水 30~40 千克，可同时除去单子叶和双子叶杂草，除草率可达 85%~90%。

适期收获

胡麻适时早收有一定增产作用，一般可增产 5%，而且胡麻后期雨多时，往往会发生返青现象，造成减产。因此在胡麻茎下部叶变黄部分脱落，有 75% 的蒴果发白变黄，籽粒多数摇动时沙沙作响，只有少数籽粒微有黏感时及时收获，打净晒干后入库贮藏。

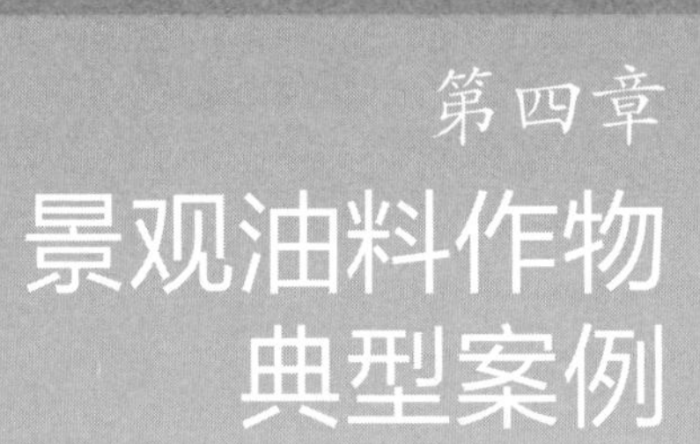

第四章 景观油料作物典型案例

- ◎ 向日葵景观
- ◎ 油菜景观
- ◎ 大豆景观
- ◎ 花生景观

◎ 向日葵景观

延庆千家店百里画廊葵海

【景观简介】千家店镇位于延庆区东北部，属延庆生态涵养区的核心区，镇域内生态环境优良，旅游资源丰富，以打造百里山水画廊而著称。景区引进颜色鲜艳的向日葵在百里画廊沿线的农田进行轮换种植，种植地主要在百里画廊沿线的红石湾、沙梁子村、三道河、三间房、平台子等村。在向日葵开花期间，营造了自然山色与向日葵花海交相映衬的景观效果。近年又增加了鼠尾草、百日草、鸡冠花等多种花卉品种，使当地的向日葵景观更加多元化。

【景观模式】规模花海景观模式、条带斑块景观模式

【作物品种】以 KF366 和 S606 等油葵品种为主，搭配矮大头、LD5009 等食葵品种的种植，形成规模葵海；同时搭配马鞭草、鼠尾草、串儿红、鸡冠花、百日草等，以不同的色彩斑块，形成复合式景观。

【主要产品】鲜食葵盘、黄芩茶以及其他土特产品。

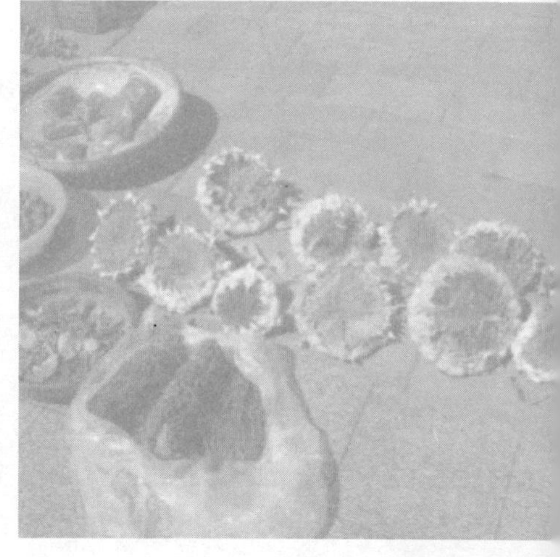

房山长沟水岸花田

【景观简介】长沟镇位于北京西南，依山傍水，素有“京南水乡”的美誉。近年来，长沟镇依托良好的自然环境和保留完好的乡村原生态风貌，提出了“城市之外，水岸花田”发展规划。主要采用了上茬油菜 + 下茬油葵的景观模式，营造能带给人强烈震撼和冲击效果平原大田景观。

【景观模式】规模农田种植模式

【作物品种】以 KF366 和 S606 等油葵品种为主，搭配种植一些观赏向日葵品种。

【主要产品】土特产品。

延庆四季花海

【景观简介】四季花海依托花卉特色产业，建设创意农业示范区，大尺度打造大地景观。根据地势以万寿菊为主打品种，辅以茶菊、玫瑰、百合等花卉营造花海，营造了“遍地菊花黄金谷，两岸青山自然神”景观效果；修建了观景台、观景亭、山地公园、登山步道、自行车骑行路、观光循环步道等旅游设施；挖掘了花卉文化内涵，推出了扒猪脸、全牛宴、菊花宴等特色餐饮，开发花卉采摘、加工等亲花体验活动。2015年，在山坡梯田增加向日葵的种植，向日葵的明黄与色素万寿菊的橙黄相映成趣。

【景观模式】山坡梯田景观模式

【作物品种】油葵品种KF366和S606。

【主要产品】鲜食葵盘、菊花茶、玫瑰花茶、玫瑰饼、河捞面。

◎ 油菜景观

天开花海

【景观简介】天开花海景区位于韩村河镇天开村北，分为花海种植区、百科示范区、观光露营区、管理服务区四个功能区。景区根据当地“人”字形地貌特点，以“花”文化为主打产业，以万亩“天开花海”建设为中心区，种植油菜花 1 000 多亩，同时配合其他花卉，形成了独特的花卉景观效果。

【景观模式】规模花海景观模式、条带斑块景观模式

【作物品种】陇油 6 号、陇油 7 号等冬油菜品种。

房山长沟水岸花田

【景观简介】长沟镇位于北京西南，依山傍水，素有“京南水乡”的美誉。近年来，长沟镇依托良好的自然环境和保留完好的乡村原生态风貌，提出了“城市之外，水岸花田”发展规划。主要采用了上茬油菜 + 下茬油葵的景观模式，营造能带给人强烈震撼和冲击效果平原大田景观。

【景观模式】规模花海景观模式

【作物品种】陇油 6 号、陇油 7 号等冬油菜品种，天祝小油菜等春油菜品种。

房山长沟三座庵

【景观简介】北京市房山区长沟镇三座庵村位于北京西南，毗连东甘池村，六甲房村，平原、丘陵、山区三分天下。丘陵上种植有芍药和油菜，花开时颜色艳丽，色彩斑块顺着梯田的坡度，形成立体的景观，吸引不少游人前往赏花。

【景观模式】山坡梯田景观模式

【作物品种】陇油 6 号、陇油 7 号等冬油菜品种。

大兴长子营

【景观简介】大兴区长子营林下播种冬油菜 460 亩，作为林下裸露地的冬季覆盖作物，起到了很好的防风固沙效果。同时，冬油菜于 4 月下旬至 5 月上旬开花结荚，也形成了一定的景观效果。

【景观模式】林下景观模式

【作物品种】冬油菜品种青油 14。

◎ 大豆景观

大兴采育开发区

【景观简介】大兴区采育镇开发区播种 106 亩，7 月中旬开花结荚，7 月中旬至 9 月中旬，全部为绿色，9 月下旬至 10 月上旬大豆成熟为黄色，成方连片，甚为壮观。

【景观模式】大田景观模式

【作物品种】中黄 30，亚有限生长类型，该品种株高 85 厘米，生育期 112 天。

通州区郎府

【景观简介】播种 117 亩，7 月中旬开花结荚，8 月上旬至 9 月中旬，全部为绿色，9 月下旬至 10 月上旬大豆成熟为黄色，成方连片，甚为壮观。林下种植既提高了土地利用率，又可利用幼果树的多余肥水，防止野草蔓延，治理土地裸露。

【景观模式】林下景观模式

【作物品种】冀豆 12，亚有限生长类型，该品种株高 75 厘米，生育期 120 天。

怀柔区喇叭沟门乡

【景观简介】播种面积 64 亩，7 月中旬开花结荚，8 月上旬至 9 月中旬，全部为绿色，9 月下旬大豆成熟为黄色，与谷子和向日葵条带种植，在路旁形成新的景点。

【景观模式】条带景观模式

【作物品种】中黄 30，亚有限生长类型，该品种株高 85 厘米，生育期 120 天。

密云穆家峪

【景观简介】大豆与幼林套种，为幼林裸露地提供了很好的覆盖，同时提高了林地的土地利用率。大豆成熟前一片绿色，成熟时为黄色，成方连片，甚为壮观。

【景观模式】幼林套种景观模式

【作物品种】中黄 30，亚有限生长类型，该品种株高 85 厘米，生育期 120 天。

◎ 花生景观

密云区西田各庄大辛庄

【景观简介】密云区西田各庄大辛庄播种 220 亩，6 月下旬开花，7 月中旬至 9 月中旬，全部为绿色，成方连片，甚为壮观。

【景观模式】大田景观模式

【作物品种】花育 25，该品种株高 55 厘米，生育期 132 天。

顺义杨镇

【景观简介】顺义杨镇种植面积 97 亩，6 月中旬开花结荚，9 月下旬成熟。林下种植既提高了土地利用率，又可利用幼果树的多余肥水，防止野草蔓延，治理土地裸露。

【景观模式】林下景观模式

【作物品种】鲁花 11，该品种株高 50 厘米，生育期 135 天。

密云区太师屯

【景观简介】种植面积 312 亩，依据地势田块种植，6 月下旬开花，7 月中旬至 9 月中旬，全部为绿色，成方连片，甚为壮观。

【景观模式】梯田景观模式

【作物品种】花育 25，该品种株高 55 厘米，生育期 132 天。

怀柔喇叭沟门

【景观简介】花生、谷子与夏播向日葵进行条带种植，形成了黄绿相间的景观效果。另外，错开了花生、谷子和向日葵的观赏期，延长了观赏时间。8 月时花生和向日葵呈绿色，谷子呈黄绿色；9 月时向日葵开放，呈明黄色，成熟的谷子为金黄色。

【景观模式】条带景观模式

【作物品种】鲁花 11，该品种株高 50 厘米，生育期 135 天。

房山窦店镇下坡店村

【景观简介】花生与夏播向日葵进行条带种植，形成了较好的景观效果。花生株型较矮，为向日葵的生长提供了良好的光照和通风条件；同时为向日葵盘采摘提供了舒适的场所。

【景观模式】条带景观模式

【作物品种】黑花生品种。

参考文献

[1] 包强，戚风芹，张学文，等. 春油菜高产栽培技术[J]. 现代化农业，1996（8）：16-17.

[2] 崔保田，吴涛，牛峰，等. 芝麻高产栽培技术[J]. 安徽农学通报，2013（5）：60-61.

[3] 何锦平. 大豆高产栽培技术[J]. 农民致富之友，2015（18）：56.

[4] 姜广仁. 高产优质大花生——鲁花 11 号[J]. 农技服务，1994（6）：12-11.

[5] 李宝林，韦瑛. 大豆新品种中黄 30 在河西地区的表现及栽培要点[J]. 甘肃农业科技，2014（1）：53-54.

[6] 李冬，佘奎军，许志斌，等. 宁夏冬油菜高产栽培技术[J]. 宁夏农林科技，2011（9）：91-92.

[7] 李美莉. 鲁花 11 号的生育特点及高产栽培[J]. 山东农业科学，1993（3）：20-21.

[8] 李仁崑，兰洪亮，姚晓明，胡家峰，郭远. 北京地区花生引进品种的产量性状分析[J]. 作物杂志，2012（4）：107-111.

[9] 刘丹. 向日葵高产栽培技术[J]. 农业与技术，2014（4）：119.

[10] 刘继霞，山军建，曾宝安，等. 向日葵新品种 LD5009 特征特性及配套高产栽培技术[J]. 安徽农业科学，2011，39（36）：22 262-22 264，22 578.

[11] 刘永锋，任军荣. 甘蓝型春油菜新品种秦杂油 19[J]. 甘肃农业科技，2012（5）：45-46.

[12] 马红，张春雷. 油用向日葵高产栽培技术[J]. 农村实用科技信

息，2010（8）：15.
［13］马希骥，赵云生，武翠萍．高产优质芝麻新品种晋芝 2 号［J］．作物品种资源，1999（1）：58.
［14］苗华荣．超高产大花生新品种—花育 25 号［J］．天津农林科技，2007（4）：6.
［15］牟生海．向日葵高产栽培技术［J］．现代农业科技，2013（2）：33，36.
［16］牛小丽，李苏湘，齐宏娇．油葵 s606 高产栽培技术要点［J］．新疆农业科技，2010（4）：12.
［17］秦红英．浅谈大豆高产栽培技术［J］．农民致富之友，2014（2）：172，213.
［18］任建军，赵俊卿，段国占．高蛋白大豆中黄 42 产量表现及栽培技术［J］．大豆科技，2011（1）：67−68.
［19］石建红，王凤英，周吉红．白菜型冬油菜在北京怀柔区的适应性研究［J］．作物杂志，2011（5）：56−60.
［20］宋再华，陈玉珍，吕永臻，等．鲁花 11 号丰产性状与高产开发［J］．花生科技，2000（4）：26−28.
［21］孙君明，韩粉霞，闫淑荣，等．高异黄酮低豆腥味大豆新品种中黄 68 的选育［J］．大豆科学，2015（5）：900−905.
［22］童敏．芝麻高产栽培技术［J］．现代农业科技，2010（23）：99，101.
［23］王春华．冬油菜高产高效栽培技术［J］．农民致富之友，2012（24）：109.
［24］王德民，来敬伟，崔凤高，等．花育 25 号及其高产创建实践［J］．花生学报，2011（2）：40−42.
［25］王俊生，魏兆凯，黄文明．大豆栽培技术综述［J］．农机化研究，2008（8）：250−252.
［26］王丽．食用向日葵 LD5009 的栽培技术［J］．内蒙古农业科技，2010（5）：130−131.
［27］王启明．大通县秦杂油 19 号油菜高产栽培技术［J］．现代农业

科技，2013（1）：48，55.

[28] 王晓莉，赵清，高宏博，等.食用向日葵高产栽培技术[J].现代农业科技，2013（23）：112，115.

[29] 王忠义，李雁，聂紫瑾，等.北京地区花生高产栽培技术体系的创建[J].北京农学院学报，2014（3）：26-29.

[30] 张超美，张海燕，吕瑞洲，等.食用向日葵高产高效栽培技术[J].农业科技通信，2012（12）：187-188.

[31] 赵青松，闫龙，刘兵强，等.高产广适优质大豆品种冀豆17[J].大豆科学，2015(4)：736-739，741.

[32] 朱勇臣.胡麻高产栽培技术[J].农业科技与信息，2010（21）：19.